U0204541

作者在设计课中评图时场景

空间与观念赋予

王　昀

中国电力出版社
CHINA ELECTRIC POWER PRESS

大自然所形成的山洞空间是预先存在着的。

人类的祖先从大自然中选择了某一山洞空间后，才将生活、文化等观念类的内容逐步地“赋予”其中。

而原来仅仅作为空间而存在的山洞本身，

在这个逐渐被“观念赋予”的过程中

成为建筑。

目 录

前言

这本《空间与观念赋予》缘起于2015年清华大学建筑学院本科三年级的设计教学，当时的设计课题命名为“点子、手段与空间研究”，内容上是紧紧围绕着“空间”与“创意获取”的主题来展开的。

2017年在清华大学建筑学院本科三年级的教学及与之同段时间展开的北京大学建筑学研究中心研究生的设计教学中同时以“‘空间’与‘观念赋予’”为“创意获取”的设计课题，结果发现在清华本科三年级学生和北京大学研究生的设计成果取得了相当一致的表现。就在同时进行的这两门课程结束后，紧接着笔者在暑期又为北京大学城市与环境学院本科三年级城市规划专业及非建筑学专业的学生开设了为期10天的设计选修课。面对北京大学这些对建筑学几乎“零”基础的学生，我仍然使用这个“‘空间’与‘观念赋予’”的题目，结果这些“零基础”同学的作业成果居然与之前那些“有充分基础”的建筑学三年级学生以及建筑学研究生同学的设计有“不输”的水准表现。由此感觉和发现学生们运用这种“‘空间’与‘观念赋予’”的设计方法不仅能迅速跨入之前一直认为难度较高的建筑设计的门槛，同时也使建筑设计“从无到有”的操作过程得到简单的明示，并破除了一直以来“在设计时头脑中的操作过程是一个不可知黑箱”的判断，而这也就成为笔者将这种思考介绍给大家的契机。

为了使初学者能更清晰地理解和掌握建筑设计的步骤与方法，本书采用：基础概念、空间寻找、观念赋予简洁明了的三部曲式的段落编写方式，希冀为读者提供一种通俗易懂的建筑设计的简单入门法。

王昀

2017年12月26日

1

基础概念

“空间”与“观念赋予”

“空间”与“观念赋予”

一、建筑设计在建筑完成全过程中的位置

建筑设计从大的流程上可以分为两个过程。一个是“从无到图纸”的过程，这个过程是建筑师的主要工作；另一个是“从图纸到建筑实体”的过程，这个过程中建筑施工单位是主角(图 1-1)。这两个部分共同构成了建筑从设计到建成的完整部分。如果说上述第二部分的建造过程由建筑施工单位完成，属于建筑工匠们的建造工作(尽管建筑师在这个建造过程中需要对施工质量进行监理，其目的是使得所建造的结果符合建筑师原本的设想的状态，一般情况下，建筑师在这一过程中并不直接参与劳动。这一环节属于在设计完成之后进行的环节)，那么作为建筑师的主体工作，即上述的第一部分工作——建筑设计，才是建筑师的本职工作，也是建筑学专业要学习的主要内容。自然地，第一部分的工作也是我们这里要讨论的内容。

当我们将视点放在第一部分——建筑设计时，发现这个部分还必须细分为以下两个阶段。

第一个阶段极为重要，是完成一个建筑“从无到有”的工作，也就是所谓的“创作”。这个部分是整个建筑设计的“核心”，在设计阶段处于“绝对优位”的位置，没有“无中生有”，那么一切都是“乌有”，所谓的设计也就无法向下一步开展。

第二个阶段则是所谓的“完善”阶段，即对从“无”生出的“有”

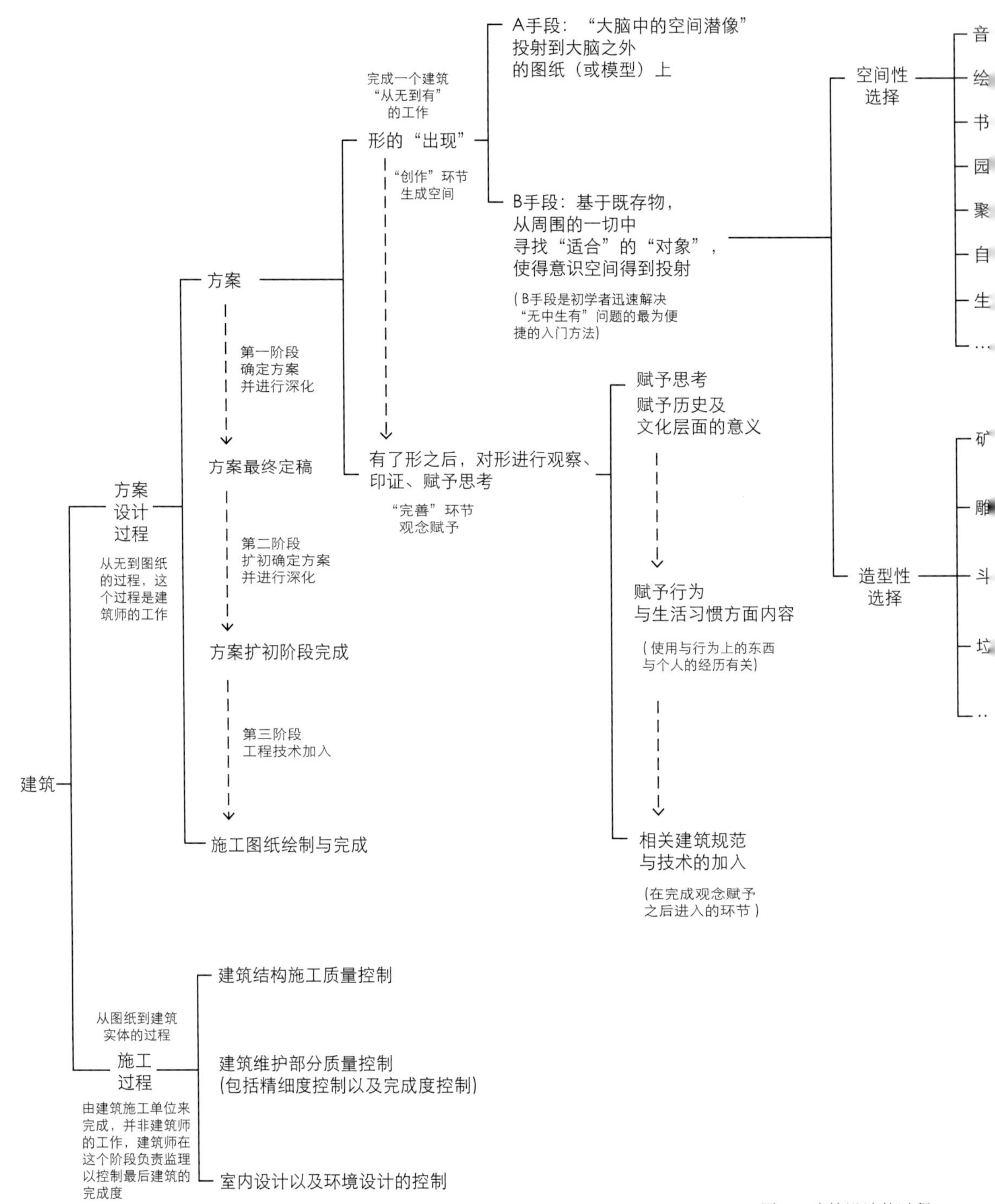

建筑
方案
设计
过程
从无到图纸
的过程，这
个过程是建
筑师的工作
方案
第一阶段
确定方案
并进行深化
方案最终定稿
第二阶段
扩初确定方案
并进行深化
方案扩初阶段完成
第三阶段
工程技术加入
施工图纸绘制与完成
完成一个建筑
“从无到有”
的工作
形的“出现”
“创作”环节
生成空间
A手段：“大脑中的空间潜像”
投射到大脑之外
的图纸（或模型）上
B手段：基于既存物，
从周围的一切中
寻找“适合”的“对象”，
使得意识空间得到投射
（B手段是初学者迅速解决
“无中生有”问题的最为便
捷的入门方法）
空间性
选择
造型性
选择
有了形之后，对形进行观察、
印证、赋予思考
“完善”环节
观念赋予
赋予思考
赋予历史及
文化层面的意义
赋予行为
与生活习惯方面内容
（使用与行为上的东西
与个人的经历有关）
相关建筑规范
与技术的加入
（在完成观念赋予
之后进入的环节）
从图纸到建筑
实体的过程
施工
过程
由建筑施工单位来
完成，并非建筑师
的工作，建筑师在
这个阶段负责监理
以控制最后建筑的
完成度
建筑结构施工质量控制
建筑维护部分质量控制
(包括精细度控制以及完成度控制)
室内设计以及环境设计的控制

图 1-1 建筑设计的过程

的部分进行修改与深化，更加进一步地结合技术和功能等使第一阶段的内容变得“合理”。

在此我们将“从无到有”的第一阶段和在“有”了之后逐步“完善”的第二阶段，再具体一点地说：第一个阶段的内容是要先生成一个“空间”，有了空间之后，第二个阶段的工作实际上就是将人对于生活的理解等一系列观念性的成分逐步地注入到第一阶段所生成的空间中，这个阶段实际上就是本文所说的“观念赋予”的过程。

我们所说的第一阶段的“无中生有”的过程，实际上就是设计师“大脑中的空间潜像”投射到大脑之外的图纸（或模型）上，以便让其他人也能看到设计者“大脑中的空间潜像”，是将“大脑中的空间潜像”转换为别人可以看得到的对象物的过程。而第二个阶段深入完善的过程则是将第一阶段的内容变得可以被“功能化”。在这里需要说明的是，第一阶段设计师所投射出的空间，在第二部分深入的过程中，“观念赋予”的内容有着多种不同选项，如同我们经常见到的同一个建筑在不同时期被用作不同使用目的，注入了不同的功能甚至赋予了不同的文化内涵，而这一切恰恰说明了同一个空间可以对应多种“功能赋予”的内容。

再回到前面我们所说的属于建筑师工作的第一阶段，即“从无到有”的阶段，不难发现完成这个阶段的手段实际上有以下两种方式。

一种是通过设计师的手准确地将自己“大脑中的空间潜像”画出（投射出），从而完成“从无到有”的投射过程；而另外一种手段方式，在我看来其实是一种更自由、更开放的手段方式，即“选择”的方法[1]，简而言之，就是从周围的一切中寻找“适合”表达头脑中观念的“对象物”。这个对象物就是生成空间的媒介，以完成“从

[1] 关于“选择”的设计方法的探讨可见收录在拙著《空间的界限》中的《选择的快乐》一文。

无到有”的过程。采用这种方法解决“无中生有”问题的设计，是建筑初学者最易入手、最易掌握，也最便捷的入门法。这不仅是本书的主旨，也是从“空间”到“观念赋予”设计方法的本质。

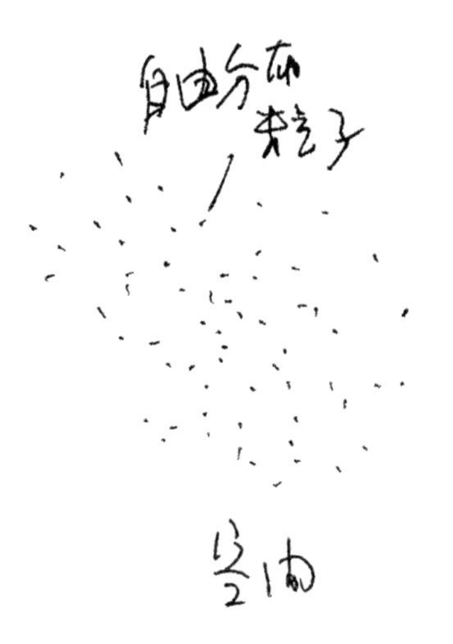

图 1-2 周围所充满的“粒子”是空间的构成要素

二、“空间”及“空间的获得”

至此我们在书中，已经多次出现了“空间”一词，实际上在我们看来，所谓建筑设计的过程，实际上是一个空间的设计过程，而所谓建筑设计的“无中生有”，实际上就是要求建筑师在一切皆“无”的状态下，生成并获得一个“空间”。于是建筑设计“无中生有的过程”便由此转化为如何“获得空间”的过程。

为了更好地“获得空间”，此处有必要再次不厌其烦地梳理一下如下几个问题，即：什么是空间？获得空间的最基本的手段是什么？空间与建筑空间之间的关系是什么？

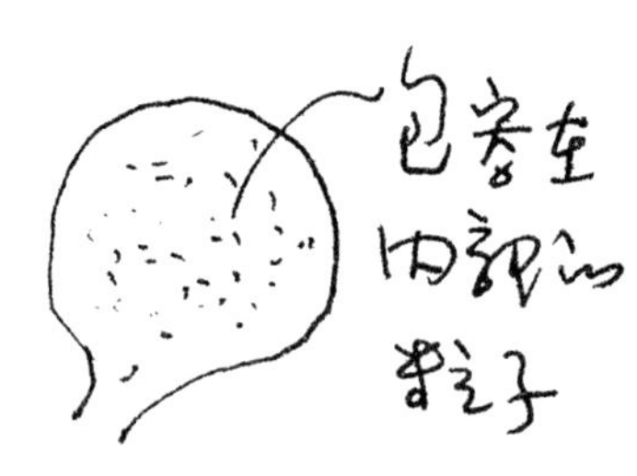

图 1-3 由于简单地将“空间”解读为“粒子”，此获得这些“粒子”的过程就是获得空间的过程

1．什么是空间？

空间是无限的。如果简单形象地来理解，我们的周围所充满的“粒子”便是空间（图 1-2）。

2．空间的获得

由于简单地将“空间”解读为“粒子”，因此获得这些“粒子”的过程就是获得空间的过程（图 1-3）。

图 1-4 建筑空间就是建筑内部所包裹的“粒子” 及由于建筑体块的存在而造成的其周边的“粒 的变化

3．空间与建筑空间

空间其实就是空间内部所包裹的“粒子”以及由于空间体块的存在而造成的其周边的“粒子”被排斥的状况（图 1-4）。建筑空间就是具有可被人利用的尺度并被人使用的空间。

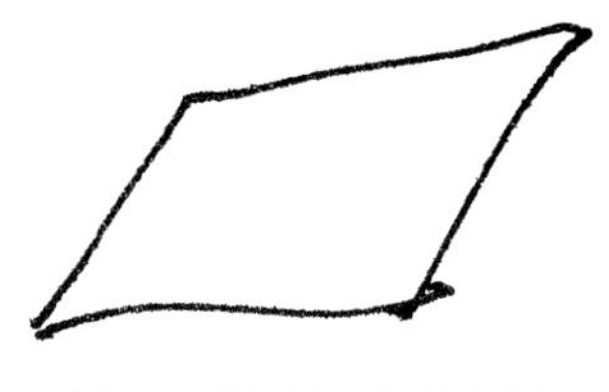

1-5　我们外出春游时经常会带一块塑料布

-6　获得了空间“异质”的面，造成了“粒子”
变化

-7　将这块塑料布抬到离地面有一定的高度，成
观上的一个屋顶

三、获得空间的手段

有了上述理解，接下来便可讨论获得空间的手段问题，为了简单明了地呈现，请容许我们以具体操作入手。

其实获得空间最简单的方式就是围合。在空间中围上墙体，便可包住一批“粒子”，获得一个有范围的空间。

我们外出春游时常会带块塑料布（图 1-5），到野外后铺到地上形成一个范围，这块“塑料布”与周围郊野环境的“异质”性造成了周围“粒子”的变化，从而获得了空间（也可以说是获得了一个二维及其之上的空间）（图 1-6）。

如果在此时突然天上下起了雨，将这块塑料布抬到离地面一定的高度，成为客观上遮雨的一个屋顶，这一举动获得了空间，同时造成了一个最基本房子的事实性呈现（图 1-7）。而如果将这一上一下的两块塑料布加以固化并使之成为一体，最基本的房子——亭便随之呈现，而如果进一步地在亭的四周加上维护墙或窗，一个可以遮风避雨被利用的空间便就此完成了。

简而言之，对平面的上、下、周围进行围合限定是获得空间的重要手段。

四、观念赋予的过程就是建筑设计的过程

以上所谈到的是最基本的空间获得法，而所获得的空间一旦拥有人可以使用的尺度后，就有可能成为建筑。这里事实上已经触及了一个问题，那就是空间和建筑的关系问题。实际上，空间只是拥有了成为建筑的充分条件，但从空间到建筑的根本转换点，那就是

空间本身一旦被注入使用方式，被从观念上注入或“赋予”了使用的预支成分，空间本身就开始转化为建筑。从这个层面，我们可以说，观念赋予的过程实际上就是将建筑深化的过程。

这个过程的本质就是：空间必须是先存在着的，功能以及相关的文化是随后被“赋予其中”的。这种逻辑表面上看似乎与目前对建筑的主流理解如“形式追随功能”有所相悖，但如果我们回溯和想象一下人类远古时期的状态，想象一下人类祖先拥有最早建筑的过程，便不难理解“空间”与“观念赋予”的这种“空间先行”判断的正确性。

我们可以试着想象一下人类早期的生存场景：假如人类第一次意识到自己需要居住但还没有能力盖房子时，一定是先从既有的众多山洞中寻找一个适合自己居住的洞窟。此时这些自然形成的“山洞”明确地拥有“这是一个既有的空间”的含义。人们从众多既存的山洞中选定了一个适合自己的那个山洞后，便开始在山洞中对其进行功能排布，例如在何处睡觉，火塘放在何处，何处举行祭祀活动等诸如此类活动，而这一系列在既存空间中进行使用层面安排的过程，事实上就是在山洞（空间）中“注入”情感和功能的过程，也就是本书所说的“赋予”的过程。

这种在既有的空间中进行“赋予”的过程，在我看来事实上就是“建筑的原点”。正如本书开篇所言：大自然所形成的山洞空间是预先存在着的。人类的祖先从大自然中选择了某一山洞空间后，才将生活、文化等观念类的内容逐步地“赋予”其中。而原来仅仅作为空间而存在的山洞本身，在这个逐渐被“观念赋予”的过程中成为建筑。

所谓“建筑”，首先应该是一种空间操作行为，在空间操作的过程中，人将使用要求以及各种文化观念“注入”空间中，这种“注入”就是我们所说的“赋予”。需要说明的是，空间本身是客观的，但在相同空间中所“赋予”的内容有可能是因人而异的。因为当面对同一个空间时，每个人的感受是不同的，进而每个人对其所进行“赋予”的内容也会有所不同。具体而言，每个人看相同空间时所想象的、所理解的、所赋予的使用方式也会有所不同，这种使用方式就是所谓的“功能”。而“功能”还有可能是随时代变化而变化的。例如当下我们常见的旧厂房改造，这些厂房在其最初设计时其实都是依据很强的“功能”而建造完成的，但当当时的生产性功能消失后，厂房的“壳”还在，“壳”下的内容还在，而对这个“壳”下空间进行改造时，注入新功能的过程本身，实际上成为了在“既有空间”中进行“观念赋予”的实证，更成为“空间先行，观念赋予在后”的现实版实例。

综上不难发现“空间”与“观念赋予”的前后过程与人类进行建筑或造屋过程的原点相契，也同样符合建筑活动的逻辑。一旦具备了这样的观念，我们便不难发现，建筑师的当务之急就是尽可能多地获得并拥有“空间（山洞）”，以等待着被“注入”“观念”，完成“观念赋予”的过程。而一旦将建筑师的视点切换到这样的“空间”与“观念赋予”前后关系的视角上，一个通向自由建筑设计的世界便随之展开[2]。

从不同的视角获得“空间”的探讨，参阅由中国电力出版社出版的拙著音乐与建筑》《建筑与斗拱》《建筑废物》《绘画与建筑》《建筑与园林》建筑与自然》《建筑与聚落》《建筑书法》等相关跨界丛书。

空间寻找

“空间寻找”的过程实际上就是将图像进行
空间化的过程

“空间寻找”的步骤

“空间寻找”的过程实际上就是将任意寻找和选取的图像进行空间化的过程。而任意寻找图像首先需要冲破固有建筑观念的壁垒，以自由的视野去打开想象力。为了获得这样的自由状态，具备善于发现的“自由的眼睛”非常重要。换言之，就是将世间所有的视觉信息均转换为有建筑意味的空间要素，具体方法及步骤如下。

第一步，以“自由的眼睛”自由地选择一个自己认为有趣（或喜欢）的图像。

第二步，以所选取的图像为底图，在上面提取出关键的线。

第三步，沿着所提取的关键线，利用纸板沿竖向在三维方向立起，进而形成立体的空间状态，表达出所选图像的空间特征。

以上三个步骤就是“空间寻找”的整个过程。需要说明的是，这个过程对于设计师来讲是一个非常重要的积累过程，其重点在于尽可能地从不同类型的图像中进行选取，同时按上述三个步骤进行选取、制作练习，其目的是在头脑中积累更多的空间形态以供在“空间赋予”的过程中有更多的空间形态供选择。

本章中所列举的十二组案例（图 2-1 ～图 2-24）正是依照上述三个步骤从任意的图像选取到立体空间状态呈现的示意[3]。

本章节所列举的十二组案例选自北
大学城市与环境学院“建筑设计 2”
果程作业。在该课程中要求每位同学
三天内寻找出 18 个不同的图像并将
进行空间化。

图 2-1

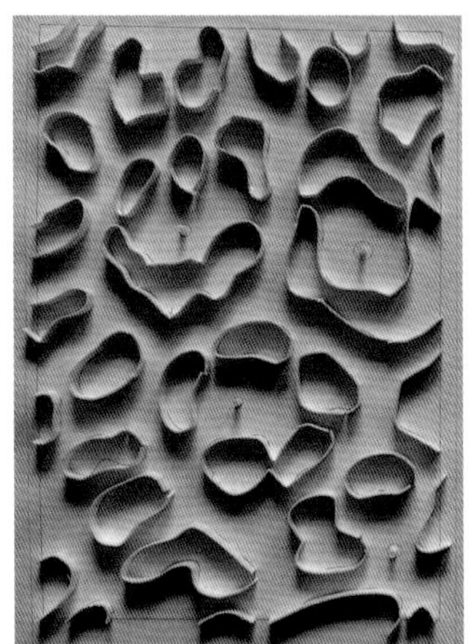

图 2-2

图 2-1 是郭金鑫同学所选的一张豹纹图片，根据图片郭金鑫同学从中选取出关键线并用硬纸板沿竖向立起，形成了以豹纹为原型的立体空间 (图 2-2)。

图 2-3

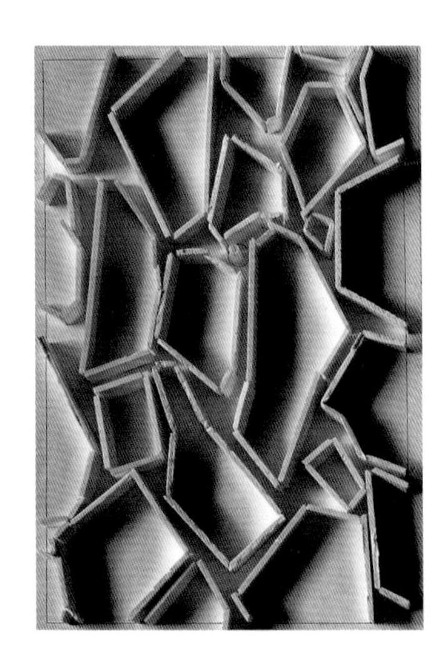

图 2-4

图 2-3 是郭金鑫同学所选的一张岩石图片，根据图片郭金鑫同学从中选取出关键线并用硬纸板沿竖向立起，形成了以岩石为原型的立体空间 (图 2-4)。

图 2-5

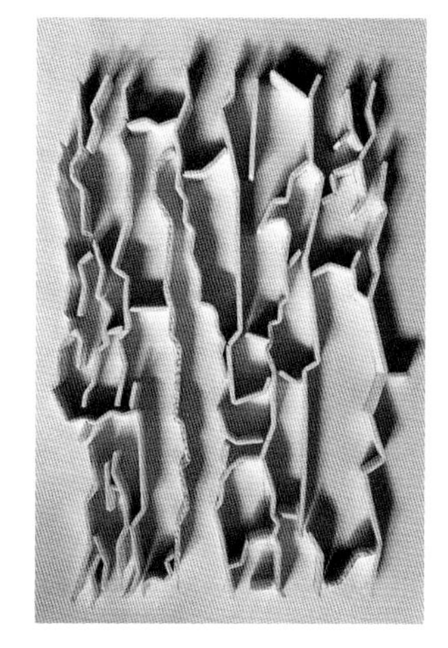

图 2-6

图 2-5 是欧映雪同学所选的一张松树纹理图片，根据图片欧映雪同学从中选取出关键线并用硬纸板沿竖向立起，形成了以松树纹理为原型的立体空间 (图 2-6)。

图 2-7

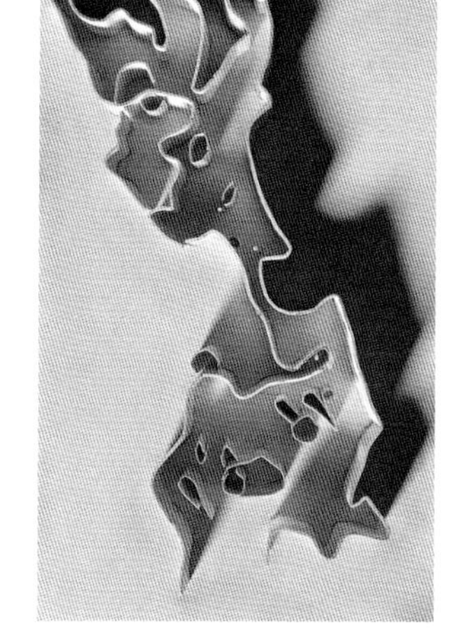

图 2-8

图 2-7 是宁静同学所选的一张火焰图片，根据图片宁静同学从中选取出关键线并用硬纸板沿竖向立起，形成了以火焰为原型的立体空间 (图 2-8)。

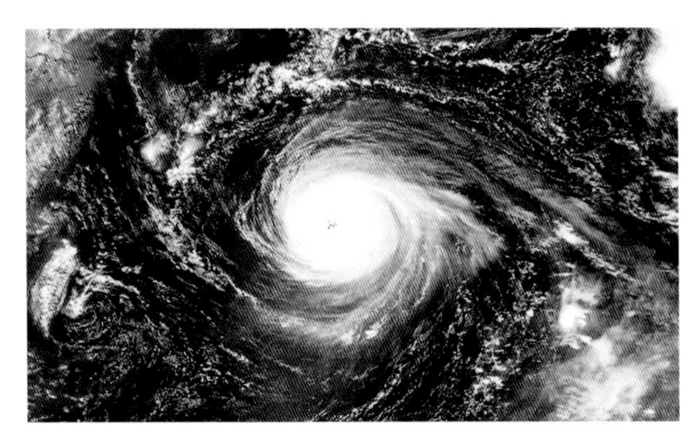

图 2-9

图 2-10

图 2-9 是郭金鑫同学所选的一张台风图片，根据图片郭金鑫同学从中选取出关键线并用硬纸板沿竖向立起，形成了以台风为原型的立体空间 (图 2-10)。

图 2-11

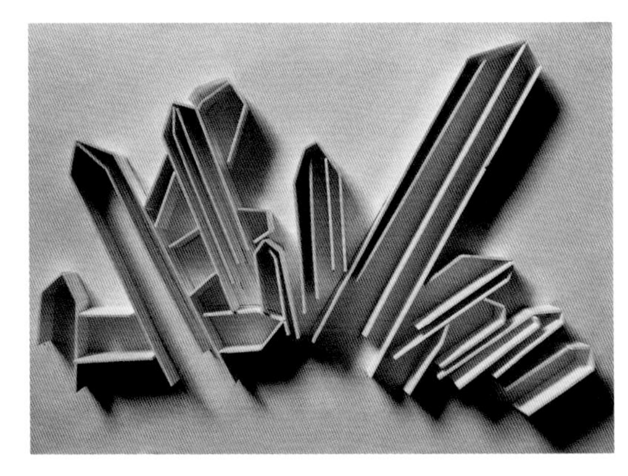

图 2-12

图 2-11 是周卓汉同学所选的一张石英图片，根据图片周卓汉同学从中选取出关键线并用硬纸板沿竖向立起，形成了以石英为原型的立体空间 (图 2-12)。

图 2-13

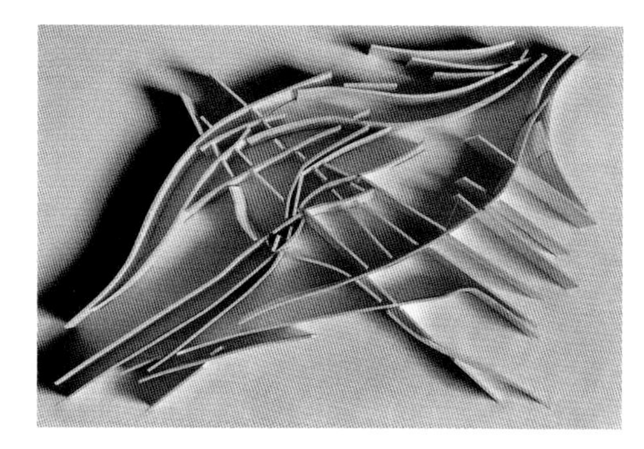

图 2-14

图 2-13 是周卓汉同学所选的一张公路上的车流图片，根据图片周卓汉同学从中选取出关键线并用硬纸板沿竖向立起，形成了以公路上的车流为原型的立体空间 (图 2-14)。

图 2-15

图 2-16

图 2-15 是阮军儒同学所选的一张薯条图片，根据图片阮军儒同学从中选取出关键线并用硬纸板沿竖向立起，形成了以薯条为原型的立体空间 (图 2-16)。

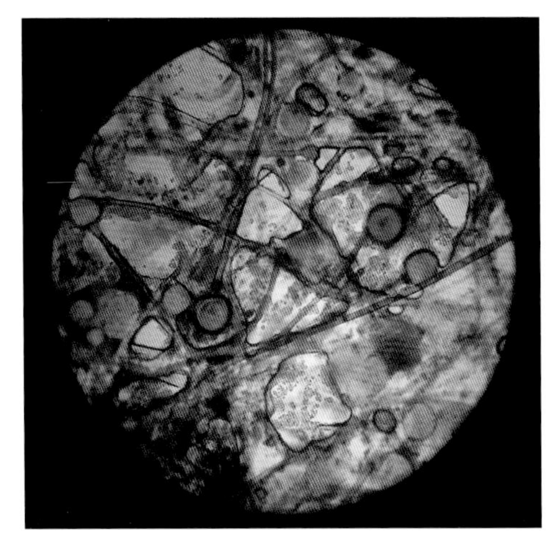

图 2-17

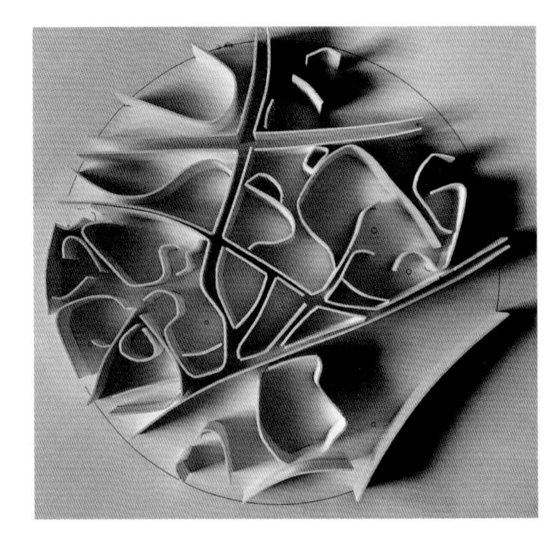

图 2-18

图 2-17 是郭金鑫同学所选的一张菌落图片，根据图片郭金鑫同学从中选取出关键线并用硬纸板沿竖向立起，形成了以菌落为原型的立体空间（图 2-18）。

图 2-19

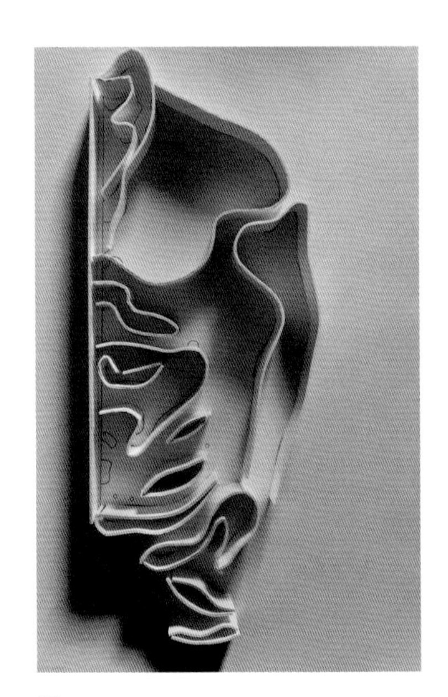

图 2-20

图 2-19 是司雨慧同学所选的一张人体肌肉图片，根据图片司雨慧同学从中选取出关键线并用硬纸板沿竖向立起，形成了以人体肌肉为原型的立体空间（图 2-20）。

图 2-21

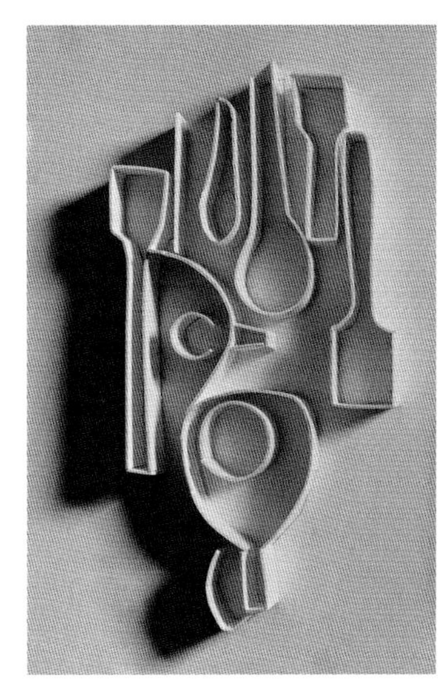

图 2-22

图 2-21 是庞亮同学所选的一张厨具的图片，根据图片庞亮同学从中选取出关键线并用硬纸板沿竖向立起，形成了以厨具为原型的立体空间 (图 2-22)。

图 2-23

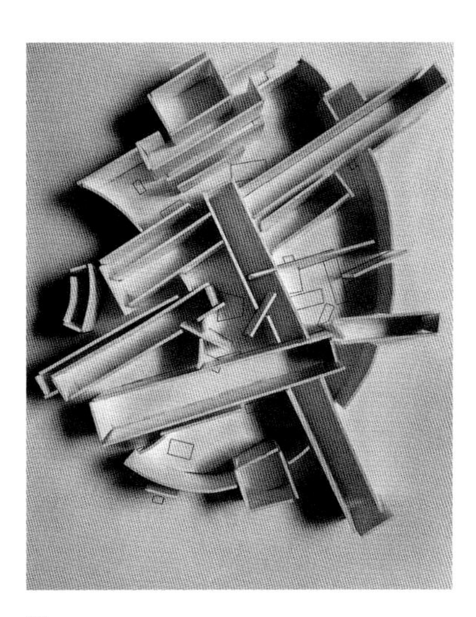

图 2-24

图 2-23 是阮军儒同学所选的一张马列维奇的至上主义绘画，根据图片阮军儒同学从中选取出关键线并用硬纸板沿竖向立起，形成了以马列维奇的至上主义绘画为原型的立体空间 (图 2-24)。

“观念赋予”

有了空间，将观念赋予其中，建筑便完成了

“观念赋予”的过程及结果

有了空间，将观念赋予其中，建筑便完成了。

在前一章中，已经详细地呈现了“空间”的获得方式，在本章中，我们要解决的重要问题就是“空间有了，该如何进行观念赋予”。这种先有空间然后再进行“观念赋予”的过程，实际上与我们人类的祖先所面临的状况是一致的，先祖们的眼前已经有很多既存的“山洞”，究竟选取哪一个山洞，之后又会对所选取的山洞如何使用，与我们在前一章中已经“寻找出了”众多的“空间”，从其中选择哪一个“空间”，所选“空间”又该如何去使用，所面临的问题是完全相同的。这些“空间”恰如远古时期那些存在于世间的“山洞”，等待着被发现，等待着被“注入”合适的使用方式，等待着被注入合适的“功能”，这个选择“空间”并在其中注入功能并展开生活的过程就是“观念赋予”的过程。

在“观念赋予”的过程中，重要的要考虑以下两方面内容。

1．仔细观察所选取的空间中适合展开怎样的生活，据此来确立建筑本身的使用方式和用途，并为建筑确定使用性质和名称。

2．整体建筑具体尺度的确立需要查阅相关的建筑设计资料集和相关的建筑设计规范[4]，并以这些规范要求为参考来确立作为功能空间使用时的基本尺度关系。

本章中所呈现的六组案例（图 3-1 ～图 3-12），分别是以“空间寻找”一章中列举过的图 2-12、图 2-14、图 2-16、图 2-18、图 2-22、图 2-24 的空间形态为母本，并对这些空间形态进行“观念赋予”的结果。

限于篇幅，本节中我们仅将图 3-11、图 3-12 这一组“空间赋予”的结果进一步地以最终表现图纸的方式呈现（图 3-13、图 3-14）。

相关的建筑层高、门窗尺寸要求及
等方面要求请查找并参考与所需功
对应的建筑设计规范要求。

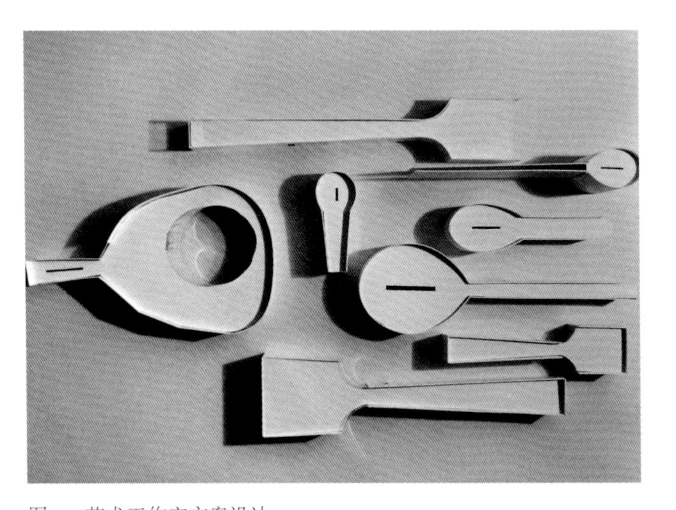

图 3-1 艺术工作室方案设计

图 3-1 是庞亮同学根据上一章中由厨具图像 (
2-21) 所转换的空间 (图 2-22) 为基础所做的艺
工作室方案设计。设计时庞亮同学在对图 2-22
行解读的过程中将艺术工作室的生活场景“赋予
其中，使得原本仅仅作为空间而存在的模型被
入了实际的使用功能，该空间转换以平面图表
(图 3-2)，完成了从空间到建筑的过程。

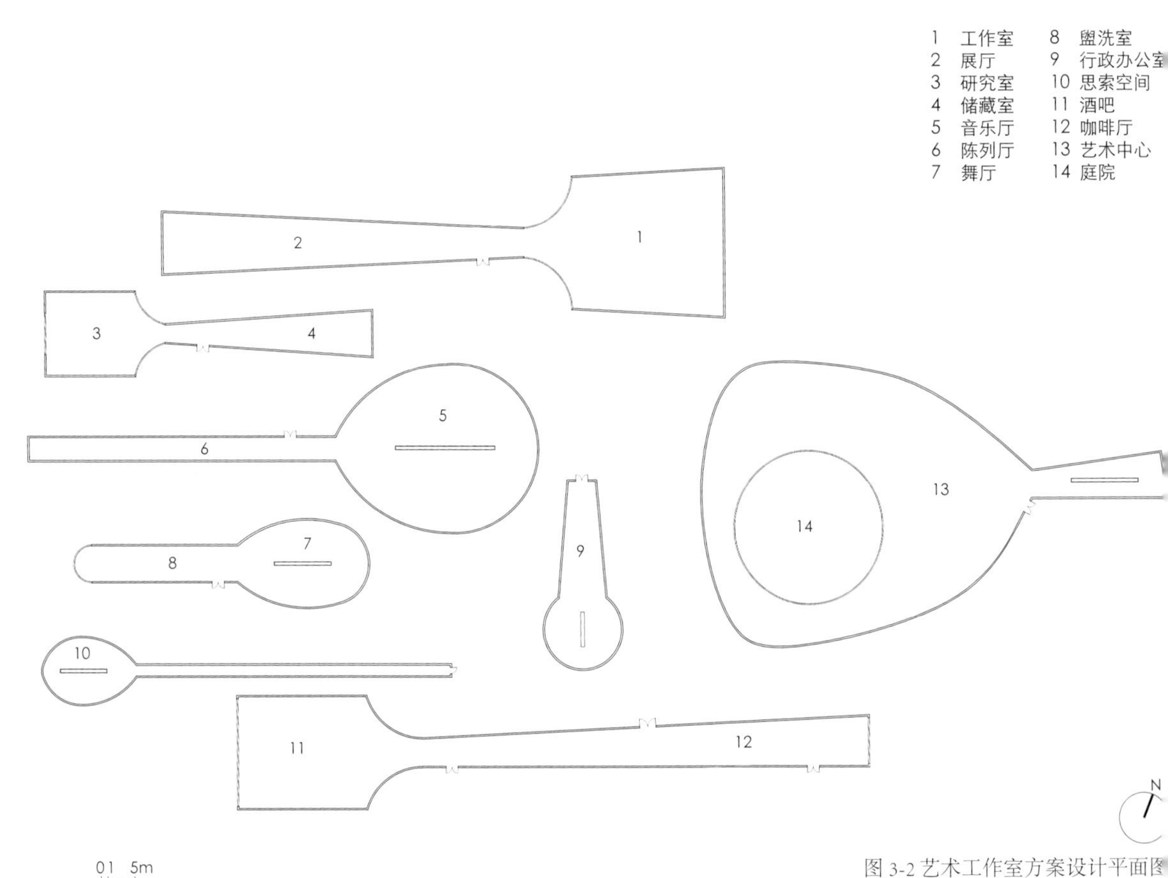

图 3-2 艺术工作室方案设计平面图

3-3 美术馆方案设计

图 3-3 是周卓汉同学根据上一章中由车流图像 (图 2-13) 所转换的空间 (图 2-14) 为基础所做的美术馆方案设计。设计时周卓汉同学在对图 2-14 进行解读的过程中将美术馆的展览场景“赋予”其中，使得原本仅仅作为空间而存在的模型被注入了实际的使用功能，该空间转换以平面图表示 (图 3-4)，完成了从空间到建筑的过程。

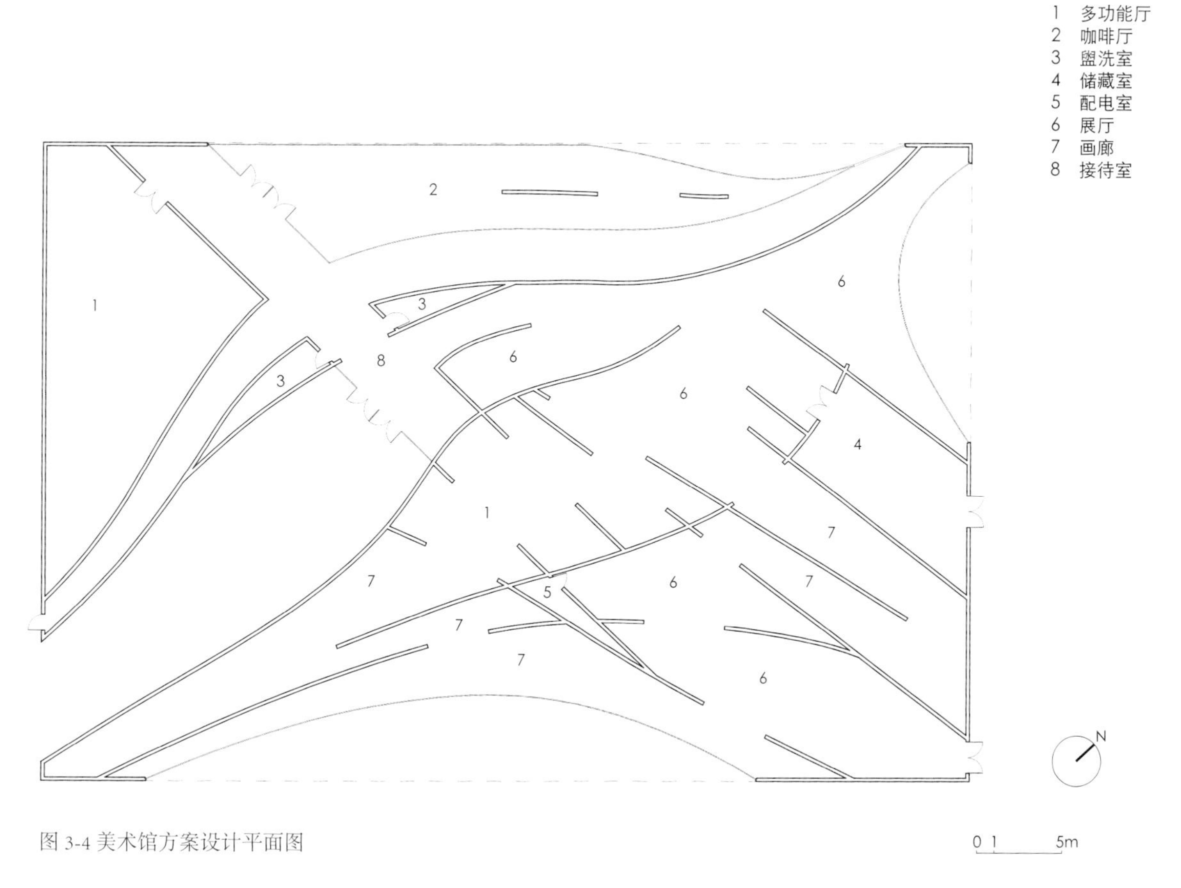

图 3-4 美术馆方案设计平面图

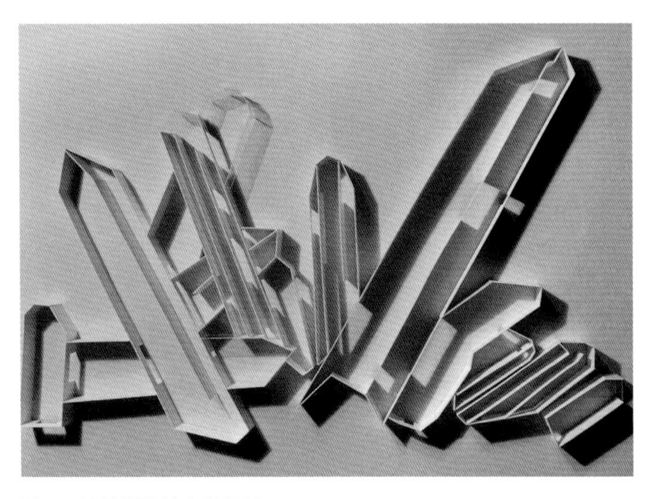

图 3-5 地质展览馆方案设计

图 3-5 是周卓汉同学根据上一章中由石英图像 (图 2-11) 所转换的空间 (图 2-12) 为基础所做的地质展览馆方案设计。设计时周卓汉同学在对图 2-12 进行解读的过程中将地质展览馆的使用场景“赋予”其中，使得原本仅仅作为空间而存在的模型被注入了实际的使用功能，该空间转换以平面图表示 (图 3-6)，完成了从空间到建筑的过程。

图 3-6 地质展览馆方案设计平面图

图 3-7 美术馆方案设计

图 3-7 是阮军儒同学根据上一章中由薯条图像 (图 2-15) 所转换的空间 (图 2-16) 为基础所做的美术馆方案设计。设计时阮军儒同学在对图 2-16 进行解读的过程中将美术馆的展览场景“赋予”其中，使得原本仅仅作为空间而存在的模型被注入了实际的使用功能，该空间转换以平面图表示 (图 3-8)，完成了从空间到建筑的过程。

图 3-8 美术馆方案设计平面图

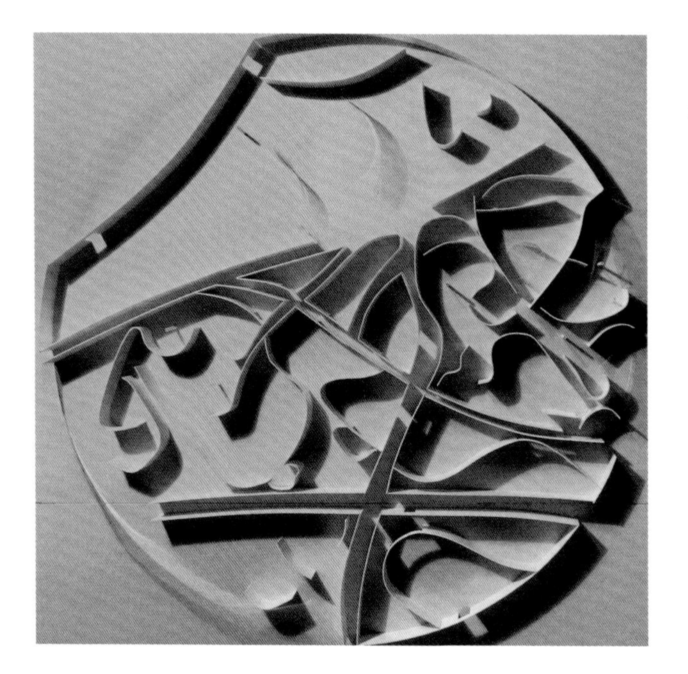

图 3-9 是郭金鑫同学根据上一章中由菌落图像 (图 2-17) 所转换的空间 (图 2-18) 为基础所做的众创空间方案设计。设计时郭金鑫同学在对图 2-18 进行解读的过程中将众创空间的生活场景“赋予”其中，使得原本仅仅作为空间而存在的模型被注入了实际的使用功能，该空间转换以平面图表示 (图 3-10)，完成了从空间到建筑的过程。

图 3-9 众创空间方案设计

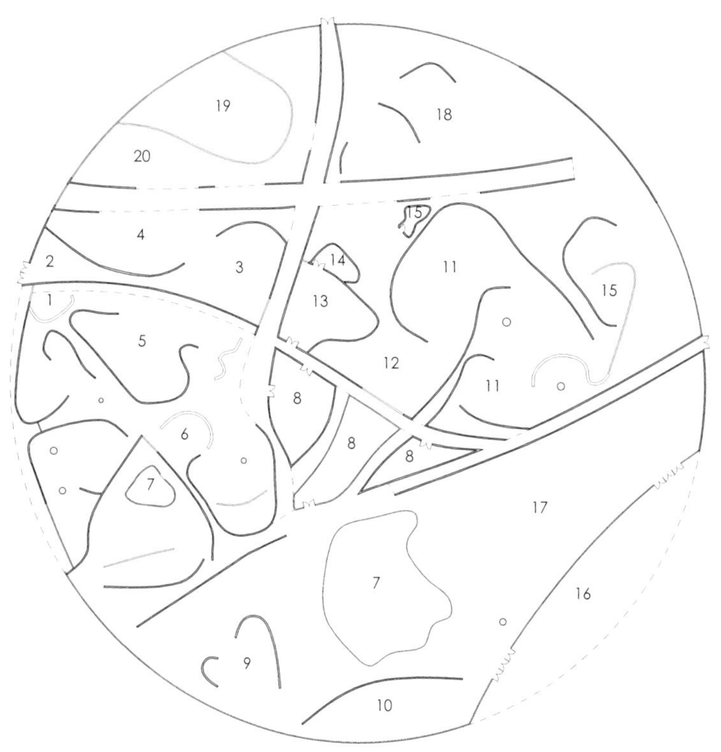

1	服务台	11	大型团队办公中心
2	品牌展厅	12	图书室
3	会客室	13	软件测试中心
4	文化中心	14	储藏间
5	交流大厅	15	卫生间
6	开放式办公大厅	16	茶歇走廊
7	庭院	17	路演大厅
8	会议室	18	休闲娱乐室
9	展览区	19	咖啡厅
10	产品陈列室	20	餐厅

图 3-10 众创空间方案设计平面图

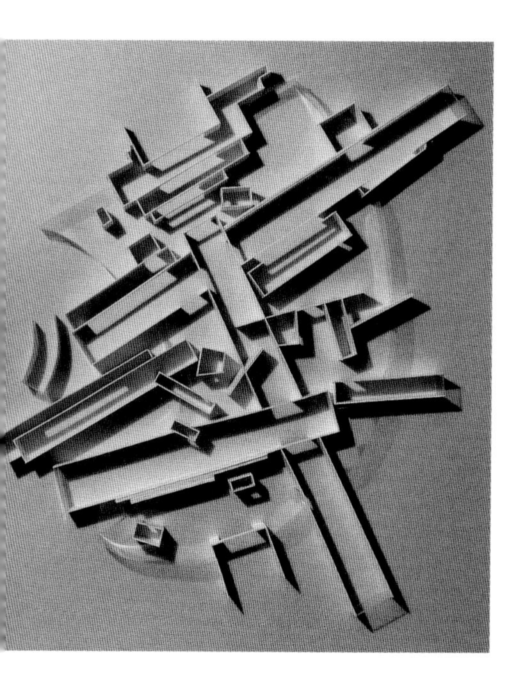

图 3-11 是阮军儒同学根据上一章中由至上主义绘画 (图 2-23) 所转换的空间 (图 2-24) 为基础所做的美术馆方案设计。设计时阮军儒同学在对图 2-24 进行解读的过程中将美术馆的展览场景“赋予”其中，使得原本仅仅作为空间而存在的空间模型被注入了实际的使用功能，该空间的“观念赋予”转换的结果以平面图的方式表示 (图 3-12)，至此，空间本身也就转换为了建筑。在完成了从空间到建筑的转换过程之后，还需要为这个建筑寻找一个适合它存在的空间、环境与场所。阮军儒同学为这个建筑选择了一个湖畔作为其立地环境，并将其命名为湖畔美术馆 (图 3-13、图 3-14)。

图 3-11 湖畔美术馆方案设计

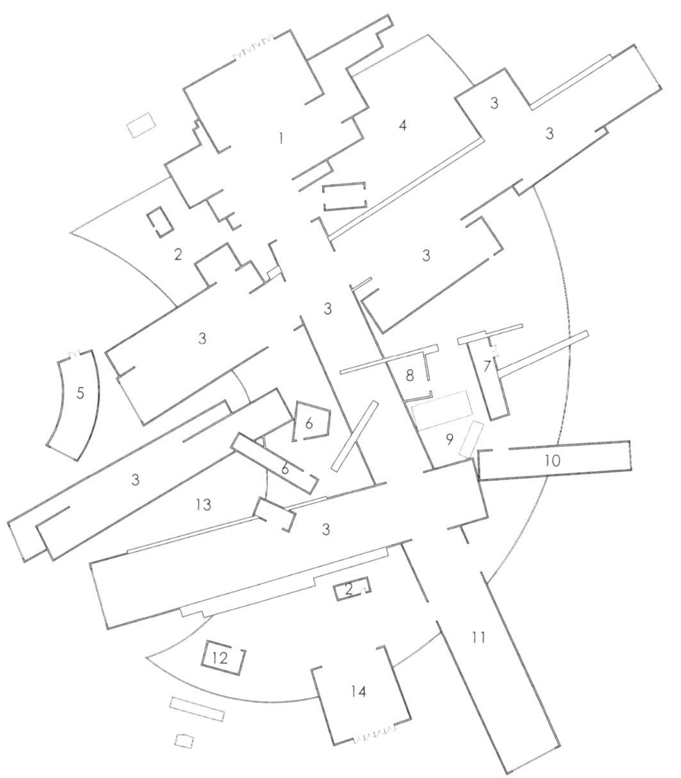

1 大厅
2 纪念品商店
3 展厅
4 咖啡厅
5 办公室
6 卫生间
7 仓库
8 设备室
9 学术活动室
10 图书馆
11 商店
12 管理办公室
13 水面
14 出口大厅

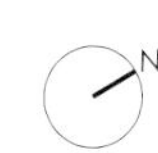

图 3-12 湖畔美术馆方案设计平面图

湖畔美术馆

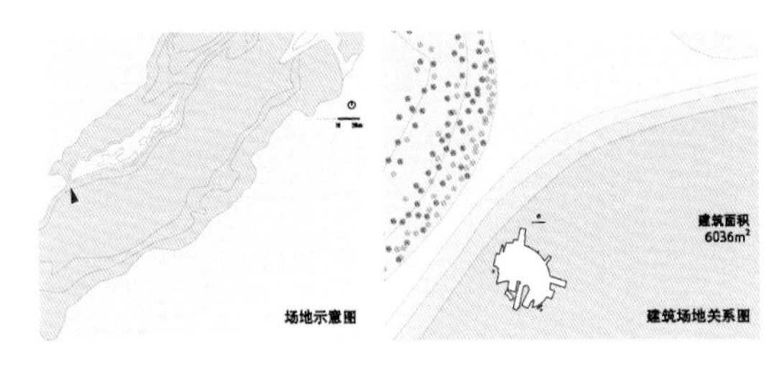

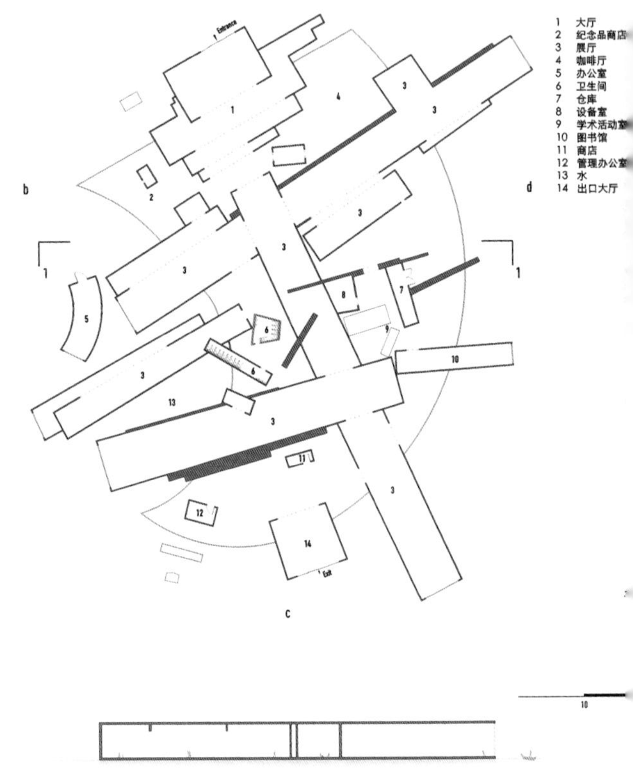

美术馆灵感来源于马列维奇的画作，并选取一湖滨作为美术馆的基地。美术馆漂浮在湖中，需要坐船才能进入，其与自然的亲和性为参观者提供了一个怡人的空间环境

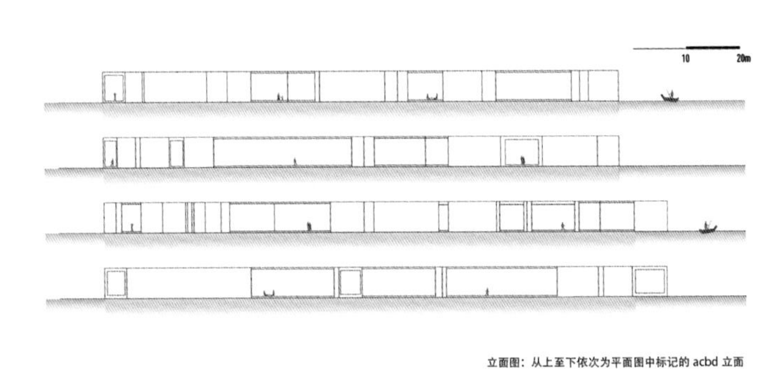

立面图：从上至下依次为平面图中标记的 acbd 立面

图 3-13 阮军儒同学所做的“湖畔美术馆”方案设计最终图纸 1

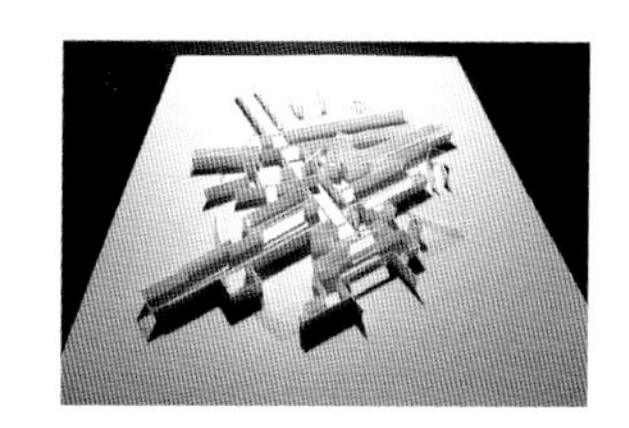

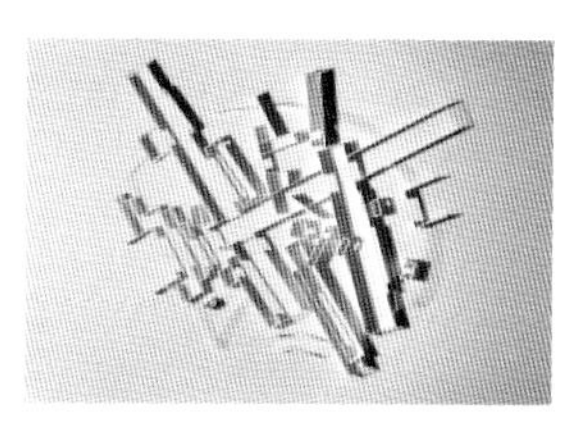

湖 畔 美 术 馆

建筑设计二 课程作业
阮军儒 1500013354
指导教师 王昀

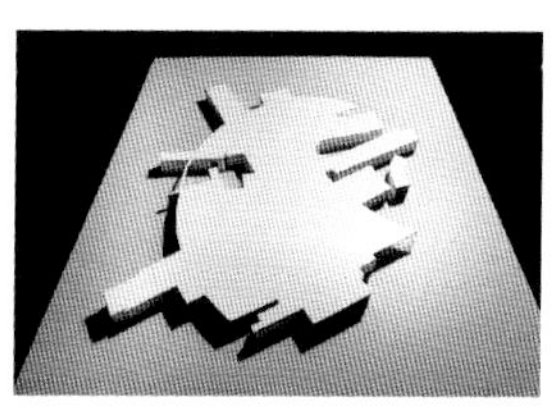

图 3-14 阮军儒同学所做的“湖畔美术馆”方案设计最终图纸 2

结语

至此我们顺利地找到了通往自由建筑世界的入口

并获得了简单与易于入手的入门方法，

需要说明的是：

其实一切才刚刚开始。

作者介绍

王昀简介

85 年毕业于北京建筑工程学院建筑系 获学士学位
95 年毕业于日本东京大学 获工学硕士学位
99 年毕业于日本东京大学 获工学博士学位
01 年执教于北京大学
02 年成立方体空间工作室
13 年创立北京建筑大学建筑设计艺术（ADA）研究中心 担任主任
15 年于清华大学建筑学院担任设计导师

筑设计竞赛获奖经历:
93 年日本《新建筑》第 20 回日新工业建筑设计竞赛 获二等奖
94 年日本《新建筑》第 4 回 S×L 建筑设计竞赛 获一等奖

要建筑作品:
美办公楼门厅增建，60 平方米极小城市，石景山财政局培训中心，庐师山庄，百子湾中学，
子湾幼儿园，杭州西溪湿地艺术村 H 地块会所等。

加展览:
)4 年 6 月“‘状态’中国青年建筑师 8 人展”
04 年首届中国国际建筑艺术双年展
)6 年第二届中国国际建筑艺术双年展
)9 年比利时布鲁塞尔“‘心造’— 中国当代建筑前沿展”
10 年威尼斯建筑艺术双年展，德国卡尔斯鲁厄 Chinese Regional Architectural Creation 建筑展
11 年捷克布拉格中国当代建筑展，意大利罗马“向东方—中国建筑景观”展，
中国深圳 · 香港城市建筑双城双年展
12 年第十三届威尼斯国际建筑艺术双年展 中国馆等

图书在版编目（CIP）数据

空间与观念赋予 : 建筑设计简单入门法 / 王昀著.
-- 北京 : 中国电力出版社, 2018.6
ISBN 978-7-5198-1890-6

Ⅰ. ①空… Ⅱ. ①王… Ⅲ. ①建筑设计－研究 Ⅳ.
①TU2

中国版本图书馆CIP数据核字(2018)第060761号

关于部分未能联系上版权所有者的图片说明：本
所引用的学生作业中由学生所选用的部分图片，
止本书出版前仍未联系上图片所有者。如相关图
所有者看到此书，请及时与作者联系，以便支付
片使用的相应稿酬。

出版发行：中国电力出版社出版发行
地　　址：北京市东城区北京站西街19号 100005
网　　址：http://www.cepp.sgcc.com.cn
责任编辑：王 倩
封面设计：方体空间工作室（Atelier Fronti）
版式设计：王风雅 赵冠男
责任印制：杨晓东
责任校对：王海南
印　　刷：北京雅昌艺术印刷有限公司印制 · 各地新华书店经售
2018年6月第1版 · 第1次印刷
开　　本：787mm×1092mm 1/16
印　　张：3.25 印张
字　　数：60千字
印数：1-3000册
定价：39.80元